LA FAUNE CHINOISE

MÉMOIRE

Présenté au *Congrès scientifique international des Catholiques*

TENU A PARIS EN 1888

PAR

M. L'ABBÉ ARMAND DAVID

LAZARISTE

Correspondant de l'Institut

PARIS

BUREAUX DES *ANNALES DE PHILOSOPHIE CHRÉTIENNE*

20, RUE DE LA CHAISE, 20

1889

LA FAUNE CHINOISE

LA

FAUNE CHINOISE

MÉMOIRE

Présenté au *Congrès scientifique international des Catholiques*

TENU A PARIS EN 1888

PAR

M. L'ABBÉ ARMAND DAVID

LAZARISTE

Correspondant de l'Institut

PARIS

BUREAUX DES *ANNALES DE PHILOSOPHIE CHRÉTIENNE*

20, RUE DE LA CHAISE, 20

1889

SCIENCES NATURELLES

LA FAUNE CHINOISE

PAR M. L'ABBÉ ARMAND DAVID, LAZARISTE
Correspondant de l'Institut.

La paléontologie nous apprend que les populations animales n'ont pas été toujours les mêmes depuis l'apparition de la vie sur la terre, et que, pour la grande masse des animaux et des plantes, les différences sont d'autant plus tranchées que les époques géologiques auxquelles se rapportent leurs fossiles sont plus distantes les unes des autres.

Dans les temps très anciens, les conditions biologiques paraissent avoir été d'une grande uniformité sur toute la surface du globe, et les espèces organiques des périodes paléozoïque et mésozoïque se ressemblent d'une manière frappante sur les points les plus éloignés de la terre. Il n'en est plus de même aux temps tertiaires : l'étude comparative des animaux et des végétaux qui ont laissé leurs traces dans l'éocène, le miocène et le pliocène démontre que les régions extratropicales ont changé de climat et se sont refroidies graduellement, que les zones climatériques se sont dessinées de plus en plus, et que, en même temps, les faunes et les flores se sont spécialisées, non seulement dans le sens du nord au sud, mais encore (quoiqu'à un degré moindre) dans celui de l'est à l'ouest.

Nous devons donc considérer l'état actuel des choses comme étant, dans une certaine mesure, le résultat des phénomènes géologiques qui nous ont précédés. Mais, de même que la géologie nous explique une partie de l'histoire des organismes de notre époque, de même aussi l'étude des êtres vivants qui peuplent maintenant notre planète nous fournit des lumières pour l'intelligence de l'histoire ancienne de la terre ; et, sous ce rapport, les questions de distribution géographique des espèces animales et végétales présentent un intérêt incontestable.

Aussi, au fur et à mesure que l'on progresse dans la connaissance des animaux et des plantes des diverses régions du monde, est-ce avec un empressement de plus en plus excité que les naturalistes travaillent à se rendre compte des causes pour lesquelles les espèces vivantes se trouvent placées dans les lieux où nous les voyons, se ressemblent ou diffèrent entre elles, se trouvent groupées non loin les unes des autres, ou au contraire fort éloignées, etc.

Après les écrits d'A. de Humboldt, de Brown et de Schouw, qui ont ouvert la voie dans ces études, aussi complexes qu'intéressantes, nous avons eu les savants ouvrages que, plus récemment, M. A. de Candolle, M. Grisebach et M. de Tchihatchef ont publiés sur les lois qui président à la localisation des flores. Moins de naturalistes se sont occupés de la géographie des animaux, sans doute parce que ceux-ci sont plus nombreux et plus difficiles à connaître; cependant, outre le travail de M. Murray et celui du professeur Giglioli qui a étudié son sujet sur une grande échelle, nous possédons le livre très important de M. R. Wallace qui résume d'une manière magistrale presque tout ce que nous connaissons sur la distribution géographique des principaux groupes des animaux et sur les rapports des faunes actuelles avec les espèces éteintes. Et, bien que ce substantiel ouvrage, paru il y a une dizaine d'années, se trouve déjà insuffisant pour plusieurs parties, il est probable qu'il est destiné à rester classique longtemps encore.

Il est bien entendu que, pour moi, je n'ai pas la prétention de m'arrêter à des considérations générales sur cette question de la géographie botanique et zoologique, qui intéresse d'autant plus qu'elle touche de près à l'histoire de la terre: ma tâche se bornera à m'occuper des animaux de l'Extrême-Orient; et même je ne vais en parler que pour donner une simple idée de la faune du Céleste-Empire, que j'ai eu l'occasion de voir de près et sur laquelle il n'existe encore que peu d'écrits.

Naguère encore, les savants ne connaissaient que quelques animaux de la Chine, un petit nombre d'oiseaux; presqu'aucun de ses reptiles et de ses poissons, non plus que de ses mollusques. En dehors du ver à soie et de quelques autres insectes devenus vulgaires, on ignorait totalement sa population entomologique. Et, en fait de botanique, les herbiers précieux, mais très restreints, du P. D'Incarville et du P. Cibot, auxquels étaient venus s'ajouter les quelques Centuries de plantes septentrionales de Bunge, ne donnaient qu'une idée bien incomplète des productions végétales de l'empire, tout à fait insuffisante pour les besoins actuels de la science. Il restait donc à combler une lacune d'autant plus regrettable que l'histoire naturelle du Japon devenait l'objet de très importantes publications, lesquelles augmentaient encore le désir et le besoin de se rendre compte des conditions biologiques du continent voisin.

Et ici, avant d'aller plus loin, qu'il me soit permis de faire une revendication en faveur de nos ouvriers évangéliques qui vont prêcher la foi aux pays lointains, et de déclarer qu'il n'est point vrai (comme cela s'est dit parfois) que les missionnaires catholiques négligent *par principe* de s'occuper des intérêts du progrès moderne! La vérité est que, lorsque les circonstances le leur permettent, ils se font un devoir de patriotisme et de charité de mettre leur bonne volonté au service de la science et de la civilisation. En effet, si, dans ces derniers temps, la faune, la flore et la géologie de la Chine ont été étudiées en grand par P. Swinhoe, le Dr Hance et le baron de Richthofen, on peut affirmer que d'importants services ont aussi été rendus à ces sciences par plusieurs de nos prêtres qui sont allés convertir les infidèles, au milieu de mille sacrifices, et qui, du fond de ces régions reculées où d'autres explorateurs ne pourraient encore pénétrer, trouvent le moyen de procurer bien des renseignements et des objets utiles au monde savant. — Pour ce qui me concerne, je dois dire que j'ai été amené par des circonstances exceptionnelles à faire des recherches d'histoire naturelle dans la plupart des provinces chinoises et que les fruits de mes travaux sont venus grossir les collections nationales du Muséum du Jardin des plantes.

En définitive, aujourd'hui que ce grand et mystérieux pays de la Chine est devenu plus accessible et que les travailleurs scientifiques se sont mis à l'œuvre de différentes manières,la connaissance de ses productions naturelles a fait de tels progrès que déjà, pour ma part, j'ai pu y reconnaître 200 espèces de mammifères sauvages (dont 63 constituent des nouveautés), et 807 espèces d'oiseaux (dont 65 étaient aussi inconnues auparavant). Un bon nombre de reptiles, de batraciens et de poissons ont aussi été récoltés et communiqués aux naturalistes, ainsi qu'une quantité de mollusques et d'insectes de tout ordre. De même, les différents herbiers envoyés du Yunnan par M. l'abbé Delavay, ou récoltés par mes soins sur divers autres points de la Chine, portent déjà à environ 4.000 le nombre des plantes vasculaires de l'empire qui ont été déterminées par le vaillant M. Franchet, du Muséum. Et, en passant, je vous signalerai la richesse inouïe de certains genres connus : le G. *Rhododendron* nous a fourni 52 espèces nouvelles ; le G. *Primula* en a donné près de 40 nouvelles aussi ; le G. *Gentiana* offre, dans ces montagnes de l'Ouest de la Chine, un nombre plus grand encore d'espèces inconnues.

On peut donc dire que la science possède à cette heure des éléments très suffisants pour pouvoir caractériser la faune et la flore de la Chine, et pour établir des comparaisons instructives avec celles des autres contrées du monde : c'est ce que je vais avoir l'honneur de faire rapidement devant vous, mais en me limitant à la zoologie. D'abord, rappelons ici quelques notions générales qui nous introduiront dans notre sujet.

On sait que les animaux ont des moyens de propagation presqu'aussi puissants que ceux des végétaux, et que chaque espèce, s'il n'y avait pas d'obstacles, tendrait à remplir le monde entier rapidement. Certains insectes et certains poissons sont capables de se multiplier *par myriades* chaque année ; et, pour les oiseaux et les mammifères, en supposant que chaque espèce élevât *dix* paires de petits dans sa vie (ce qui est bien au-dessous de la réalité), le nombre de leurs descendants arriverait à *cent millions* d'individus pour chacune en *cinquante* ans, si rien ne venait entraver leurs moyens naturels. L'an dernier, un naturaliste Américain, M. Hart-Marrian, attirait l'attention de ses compatriotes sur la multiplication effrayante du *moineau* vulgaire, qu'on s'est amusé à introduire aux Etats-Unis, il y a quelques années, et qui s'y est propagé avec une rapidité si prodigieuse qu'il a déjà envahi un espace qu'on évalue à un *demi-millon* de milles carrés ! M. Marrian nous apprend que le moineau a rencontré en Amérique des conditions de prospérité plus favorables que celles de son pays d'origine, et que sa fécondité y est devenue telle que, grâce aux cinq ou six nichées qu'il y fait *par été*, dix seules années pourraient suffire pour voir monter sa descendance au nombre de 275 milliards ! — Il y a là un véritable danger, contre lequel on est obligé de se prémunir, comme cela a lieu en Australie pour le lapin.

D'autre part, si les animaux trouvaient à vivre tranquilles dans le pays où ils sont nés, ils ne chercheraient pas sans doute à s'en éloigner ; et, en effet, nous voyons qu'il en est ainsi pour les petites espèces, et surtout pour les insectes, qui, généralement, ne sont pas embarrassés pour se procurer les moyens de leur courte existence. Mais, en réalité, soit que la nourriture leur fasse défaut, soit que la concurrence et les ennemis les poussent, nous constatons que tous les êtres vivants ont la tendance à se répandre de proche en proche dans toutes les contrées accessibles.

Cependant, ils ne vont pas partout ; car, outre le climat ou un *habitat* impossible pour certaines espèces, il existe encore des barrières qui leur sont infranchissables : la mer, les déserts, les grandes forêts, les chaînes de montagnes, sont autant d'obstacles que beaucoup d'animaux ne parviennent pas à surmonter ; et les explorateurs savent que parfois il suffit d'un fleuve pour limiter brusquement l'habitation d'une espèce.

D'ailleurs, tels que nous les connaissons, nous trouvons que les êtres vivants exigent les uns un climat tempéré, les autres un climat tropical, tandis que d'autres supportent bien les grands froids ; il y en a qui sont organisés pour vivre sur les arbres, d'autres dans les déserts, ou dans les plaines découvertes, ou parmi les rochers des montagnes ; et leur existence est intimement liée à la présence de ces conditions.

Mais, sans compter ces exigences intrinsèques et extrinsèques, qui obligent les espèces à se cantonner chacune dans son *habitat*, il y a beaucoup d'autres causes plus éloignées qui ont concouru à déterminer la distribution géographique de nos animaux sur les différentes parties de la terre. Nous voyons qu'il y a des faunes isolées, comme il y a des faunes mélangées ; et leur mode d'être actuel ne dépend pas uniquement, ni même principalement, des moyens contemporains de communication.

Les naturalistes ont reconnu que non seulement la faune et la flore de chaque contrée sont caractérisées par un certain nombre d'espèces typiques qui lui sont propres, mais, en même temps, que celles-ci sont en relation plus ou moins intime avec les fossiles des animaux et des plantes qui les y ont précédés immédiatement : c'est là une règle générale. On a remarqué aussi que la proportion des espèces particulières d'une région, dites *endémiques*, est d'autant plus forte que son isolement géologique paraît être plus ancien. C'est ainsi que l'Angleterre, dont la séparation d'avec le continent ne remonte pas très haut, possède une population animale qui est exactement semblable à celle de l'Europe occidentale ; un *sorex*, un *tetrao*, quelques insectes et mollusques particuliers, n'ont pas une signification contraire. Par contre, à l'extrémité orientale de notre monde, le Japon, dont l'isolement remonte très loin dans les âges géologiques, nourrit des animaux très différents, pour la plupart, de ceux de la Chine, qui est pourtant si voisine. De même, au bout de l'Inde, les trois grandes îles malaises, dont la récente séparation d'avec la presqu'île de Malacca est attestée par le peu de profondeur de la mer interjacente, nous offrent une faune qui est le prolongement de celle de l'Indo-Chine ; tandis que les groupes de Célèbes et de Lombok, très anciennement séparés de Bornéo et de Java par une mer profonde, possèdent une faune très distincte de celles de ces îles, qui sont si rapprochées, et se rapportant à celle de la région Australienne.

C'est après avoir bien constaté ces ressemblances et ces dissemblances des populations animales des différentes parties de la terre que les naturalistes ont été amenés à distinguer un certain nombre de *régions zoologiques*, lesquelles ont été elles-mêmes divisées en *sous-régions*, pour des caractères distinctifs de moindre importance. — Notons que les *régions botaniques* ont une distribution sensiblement semblable. Notre ancien monde a donc été partagé d'abord en grandes régions zoologiques : la *Paléarctique*, l'*Ethiopienne*, l'*Indo-malaise* et l'*Australienne*. La Chine, à l'exception de son bord méridional, appartient à la sous-région dite *Chino-Japonaise*, qui fait partie de la région paléarctique laquelle comprend toute l'Europe avec le Nord de l'Afrique et toute l'Asie jusqu'à l'Himalaya.

Ici, disons en passant que les zoologistes, après avoir étudié en détail les animaux indigènes qui peuplent les îles répandues sur le vaste Océan, ont aussi partagé celles-ci en plusieurs sous-régions et que, allant plus loin que ne sauraient le faire les géologues, ils admettent que plusieurs de ces terres, maintenant fort éloignées les unes des autres, ont été jadis réunies entre elles, ou du moins reliées par des séries d'îles qui ont disparu depuis. C'est ainsi qu'ils pensent que Madagascar, depuis son antique séparation de l'Afrique, a été en communication avec Ceylan et même avec quelques-unes des îles Malaises, formant un continent qui occupait le milieu de la mer indienne, et qu'ils ont désigné sous le nom de *Lemuria* à cause des quadrumanes lémuriens qui caractérisent spécialement toutes ces terres. Pour les mêmes raisons zoologiques, ils admettent que la Nouvelle-Zélande s'étendait autrefois vers l'Orient beaucoup plus loin que de nos jours ; qu'un très grand nombre des îles de la Micronésie ne sont que les points culminants de grandes terres qui se sont affaissées ; que les Açores, Madère, les Canaries, et peut-être même Ste-Hélène (qui nourrissent une population entomologique très spéciale, mais à cachet franchement paléarctique) ont dû être reliées naguère entre elles (Atlantide !) ; que la Terre de Feu aussi se rattachait aux îles Malouines et s'étendait plus loin encore au S. E., etc.

Essayons maintenant d'esquisser les principaux groupes d'animaux qui vivent dans l'empire chinois, à peu près sous les latitudes de la France et de l'Espagne : il y a une très curieuse comparaison à faire entre ces deux faunes placées aux bouts extrêmes de notre vieux monde et dans un climat à peu près analogue.

En voyant qu'aucun obstacle insurmontable ne se trouve dans l'intervalle pour empêcher les communications entre l'Extrême-Orient et l'Extrême-Occident, on s'attendrait à y trouver une identité, ou au moins une grande ressemblance des organismes. — Il n'en est rien ! A l'exception d'un certain nombre d'oiseaux à vol puissant, ou d'insectes doués de moyens particuliers de diffusion, toute la grande masse des animaux de la Chine est propre à l'Extrême-Orient et diffère profondément de nos espèces occidentales. Entrons en quelques détails :

Les mammifères *quadrumanes* que j'ai signalés dans différentes relations comme existant en Chine, arrivent au nombre de *dix* espèces ; mais *trois* d'entre elles seulement appartiennent à notre région paléarctique. Le rare et très curieux *semnopithecus roxellana*, à nez fortement retroussé et à face verte, est propre aux hautes forêts des montagnes qui commencent le Thibet Oriental ; le *macacus thibetanus* (le plus grand animal de son genre) est répandu dans tout le centre de l'empire, depuis le pays des Mantzes jusqu'au Fokien ; quant au *mac. tcheliensis*, il se propage jusque dans les montagnes de Pékin, où il supporte un très rigoureux hiver de trois mois : c'est sans doute le singe du monde entier qui s'avance le plus au nord. — Il est intéressant de noter ici que le seul quadrumane indigène de notre Occident, le *magot* de Gibraltar et de l'Atlas, a ses deux plus proches parents en Chine et au Japon, et qu'il appartient à un genre oriental qui ne possède aucun autre représentant en Afrique : c'est par l'Europe que le *mac. inuus* sera arrivé dans l'Atlas.

Les *chéiroptères*, comme on le sait, sont des mammifères que leurs ailes transportent très au loin ; et pourtant, sur les *trente-cinq* espèces indiquées jusqu'ici en Chine, il n'y en a que deux ou trois qui soient européennes.

Pour les *insectivores*, nous avons bien un *hérisson*, une vraie *taupe* et des *musaraignes* : mais tous ces animaux constituent en Orient des espèces distinctes. Si le *talpa longirostris* et l'*erinaceus dealbatus* surtout diffèrent assez peu de leurs congénères d'Occident, tous les autres insectivores, nombreux en Chine, présentent des caractères différents plus ou moins tranchés. Ainsi, malgré sa ressemblance superficielle avec une taupe, le *scaptochirus moschatus* de Pékin appartient à un tout autre groupe ; et, chose singulière, c'est entre la Syrie et l'Asie-Mineure que j'ai rencontré, plus tard, le second représentant de ce genre nouveau. Comme preuve de la richesse de cette petite famille en Chine, je noterai que les espèces que j'y ai découvertes moi-même arrivent au nombre de *dix*, et que plusieurs d'entre elles ont exigé la création de nouveaux noms génériques.

Les *carnivores* sont aussi richement représentés ; et bien que la densité de la population chinoise contrarie la multiplication de ces animaux malfaisants, leurs espèces restent encore nombreuses. Le genre *Félis* présente une *douzaine* d'espèces, dont quatre de grande taille : *tigre*, *panthère*, *once* et *léopard marbré*, tous répandus d'ailleurs sur la majeure partie du continent asiatique. Une chose à remarquer, c'est que notre *chat sauvage* d'Europe ne figure pas dans les *huit* petites espèces indigènes du pays, bien que le chat domestique des Chinois ne diffère pas spécifiquement du nôtre.

Sur une *vingtaine* de carnivores *mustélidés*, il n'y en a qu'*un* qui soit une espèce européenne (la *fouine*) ; ils sont répandus dans tout l'empire, tandis que les trois *blaireaux* du pays habitent vers le Nord surtout. Au contraire, les cinq *viverridés* que nous avons rencontrés vivent pour la plupart au sud du Fleuve-Bleu, et ils sont, dans la moitié méridionale de l'empire, les représentants de formes indiennes et africaines.

L'ours à poitrail blanc (*ursus thibetanus*) est répandu depuis le Thibet jusqu'en Mantchourie, dans toutes les grandes montagnes, et paraît y être le seul de son genre.

Quant au plantigrade extraordinaire que j'avais désigné sous le nom d'*ursus melanoleucus*, en 1869, dans une diagnose parue dans les comptes rendus de l'Institut, il doit constituer un genre nouveau (*ailuropus*) ; et c'est sans contredit la plus importante des découvertes zoologiques qu'il m'ait été donné de faire ! M. A. Milne-Edwards l'a étudié avec soin, décrit et figuré, comme la plupart des mammifères envoyés par moi au Muséum ; et il a fait ressortir les caractères distinctifs qui l'éloignent du genre *ursus* et le rattachent plutôt au groupe de l'*ailurus*. Ce rare animal, dont il n'existe dans les musées que les quatre exemplaires que j'ai rapportés de Moupin, est exclusivement propre au Thibet Oriental où il vit, à côté de son humble parent le panda, dans les plus sauvages forêts des Principautés indépendantes. J'ai des raisons pour penser que c'est une espèce en voie d'extinction et dont il ne doit plus exister que très peu d'individus.

La Chine ne nourrit que quatre *Canidés* : le *loup*, le *renard*, le *corsac* propre surtout à la Mongolie, et le *nyctereutes procyonoïdes*, qui se retrouve aussi au Japon et auquel la superstition populaire attribue une intelligence diabolique. Bien que les naturalistes anglais aient donné des noms particuliers au loup et au renard chinois, je pense qu'il faut beaucoup de bonne volonté pour les discerner des nôtres autrement que comme de simples races : de même qu'en France le renard offre la variété à ventre blanc et celle à ventre noir, et, de plus, une troisième à flanc rayé, que les transformistes appelleront des espèces initiales.

Rongeurs. — Ceux-ci forment en Orient (comme partout du reste) le contingent le plus abondant parmi les mammifères ; et quoique tous les rapaces, à pattes ou à ailes, leur fassent une guerre de prédilection, ils se conservent toujours nombreux, grâce à leur extrême fécondité. — Croirait-on que je suis parvenu moi-même à compter en Chine *vingt-sept* espèces différentes de rats *(G. Mus)* et que, sur ce nombre, il n'y en a qu'une ou deux que l'on puisse regarder comme étant clairement européennes (*mus decumanus* et *mus sylvaticus*) ? — J'y ai aussi distingué *neuf écureuils* différents parmi lesquels figure une race peu ou point distincte de l'espèce européenne.

Nommons, à la suite de ces jolies bêtes, les *polatouches*, ou écureuils-volants, qui n'ont qu'un représentant dans notre occident, et dont je connais en Chine *six* espèces, rares partout et qu'on ne peut rencontrer que dans les bois le plus solitaires. — Le *lapin*, comme on le sait, est originaire des parties les plus occidentales de l'Europe et il n'existe en Chine qu'à l'état domestique et en petit nombre. Quant aux deux lièvres du pays, ils constituent des espèces particulières, vivant l'une (*Lepus tolaï*) au Nord, et l'autre (*L. sinensis*) dans le Midi. Notons que l'une et l'autre *terrent* volontiers. Les *lagomys*, que leurs incisives doubles rapprochent des lièvres, sont des miniatures de ces animaux, mais n'ont point de queue. Au *Lag. agotona*, j'ai ajouté le *L. thibetanus* qui est la plus petite espèce connue — Le *porc-épic*, la *marmotte*, le *souslic*, la *gerboise*, les deux *gerbilles*, et les trois *hamsters* de petite taille, que j'ai procurés à nos collections nationales, diffèrent spécifiquement de leurs congénères d'Occident. Le genre *Arvicola*, si riche en Europe, ne renferme en Chine que deux espèces. — Un genre très curieux de rongeurs à forme de taupe *(siphneus)*, et dont on ne connaissait précédemment que la seule espèce sibérienne (*myospalax*) nous en a fourni *trois nouvelles*, dans le nord de l'empire chinois ; et il y a intérêt à noter que ces trois formes analogues, quoique distinctes, vivent toutes dans une même région peu étendue. Le *rhizomys vestitus*, autre nouveauté particulière à la Chine, est un très gros rongeur qui séjourne aussi sous terre et se nourrit principalement de racines de bambous : les gourmets du pays le recherchent pour leur table. — Un autre rongeur qu'il me faut mentionner encore et que je n'ai rencontré que dans les montagnes du Fokien, constitue un genre nouveau (*Typhlomys cinereus*), remarquable par l'extrême petitesse de ses yeux et par le bout floconneux de sa longue queue : il a des mœurs arboricoles, et cela contraste singulièrement avec l'exiguité de son organe visuel.

L'ordre des *Edentés*, si richement représenté (maintenant et dans le passé) dans l'Amérique du Sud, ne figure en Chine que par le *manis dalmanni*. Ce *pangolin* est le destructeur par excellence des fourmis et des termites ; et il est répandu, quoiqu'en petit nombre, dans toute la moitié méridionale de l'empire.

Ruminants. — Outre le *hoang-yang*, qui ne pénètre guère en Chine, nous y connaissons *six* espèces d'*antilopes* qui lui sont propres : peut-être le *budorcas* que j'ai vu dans les montagnes occidentales n'est-il qu'une race du *taxicolor*, du Sikkim. C'est une bête robuste et leste, ayant la tournure et presque la taille du bœuf musqué, et que les indigènes redoutent à l'égal du tigre. Au *nemorhedus* du Japon et à celui de Formosa sont venues s'ajouter mes quatre nouvelles espèces, dont la plus forte, le *Nem. milni*, vit toujours sous bois par paires, et les autres remplacent exactement notre chamois dans tous les districts alpestres de l'empire. — Ici encore remarquons la réunion de ces six formes très voisines sur un espace très restreint, en notant cependant que le *Nem. milni* fait bande à part et a un proche parent à Sumatra.

Les deux *Ovis* sauvages, le *nahor* et l'énorme *argali*, appartiennent plus au Thibet et à la Mongolie qu'à la Chine, et c'est de là que j'ai rapporté les exemplaires possédés par le Muséum. Quant aux trois races de *moutons* élevées dans l'Extrême-Orient, elles paraissent avoir des caractères profondément distincts de ceux de toutes nos races occidentales. — Jusqu'ici personne n'a signalé de *bouquetin* en Chine.

Outre le *chevrotin à musc* ordinaire, rare partout et offrant plusieurs variétés assez marquées, répandues dans les plus hautes montagnes, sur une immense étendue, depuis l'Himalaya et le Thibet jusqu'à la Mantchourie et la Sibérie, la Chine nourrit le prolifique *hydropotès*, qui habite les bords du Yang-tzé inférieur en très grand nombre, et dont un congénère, non encore décrit, vit en Corée : en 1866 déjà, j'avais proposé le nom d'*Hydr. coreanus* pour cette espèce. On sait que les mâles du *musc* et de l'*hydropotès* ne portent pas de bois, et qu'ils ont à leur place deux longues canines acérées qui les rendent très redoutables aux autres animaux.

Les *Cervidés* rencontrés en Chine arrivent au nombre de *quinze* espèces, parmi lesquelles le cerf et le chevreuil de France sont seuls à trouver des analogues assez voisins. Les grands cerfs sont devenus extrêmement rares, parce que les naturels les recherchent avidement pour avoir leur bois *tendre*, qui se vend à un prix exorbitant pour la pharmacie chinoise.— Il faut aussi dire que les forêts ont disparu de l'empire depuis longtemps.

L'animal le plus remarquable de ce groupe qui ait été découvert dans l'Extrême-Orient, est celui qui a été nommé *Elaphurus davidianus* par M. Milne-Edwards. La forme particulière de son bois, la largeur de ses pattes et la longueur de sa queue le distinguent de tous les autres cervidés ; mais son histoire intéresse, ce semble, plus encore que ses caractères morphologiques. L'*Elaphurus*, connu à Pékin sous les noms de *milou* et de *sse-pou siang*, n'existe plus que par la protection impériale et dans un seul parc ; et les historiens rapportent qu'il en était déjà ainsi il y a *vingt-trois* siècles. Avant cette époque, le cerf à longue queue vivait aussi à l'état sauvage, et il était connu comme un animal voyageur, émigrant ; car il est écrit que, l'an 676 avant J.-C., il apparut en si grand nombre dans la Chine que les annales de l'Empire firent mention de ce fait comme d'une chose insolite. — Il est heureux que la conservation de ce *probable compagnon* des animaux quaternaires ait été assurée par sa récente introduction en Europe, où il promet de se propager sans difficulté, pourvu qu'on ne perde pas de vue que son régime ordinaire consiste en feuilles d'arbres (saules et ormeaux), et qu'il lui faut le voisinage des eaux et les plaines marécageuses.

Il y a intérêt à noter ici que les *éléphants* et les *rhinocéros* vivaient communément dans toute la Chine centrale, au moins jusqu'au sixième siècle avant notre ère, puisque les empereurs se faisaient payer alors une partie de leur tribut annuel en dents et en peaux de ces gros animaux, par tous les peuples riverains du Fleuve-Jaune ! — Sans doute, on serait porté à croire que c'étaient là des éléphants semblables à ceux qui sont retirés maintenant dans notre Indo-Chine : mais, comme les traditions chinoises indiquent plus anciennement encore la présence de ces pachydermes au Chantong et plus au Nord en remontant vers la Mantchourie et la Mongolie ; et comme, d'autre part, il m'est arrivé à moi-même de recueillir maintes fois des ossements de l'*Elephas primogenius* et du *Rhinoceros thicorhinus* dans les *parties superficielles* du *Lœss* de la Chine et de la Mongolie, il serait peut-être permis de se demander de quelles espèces étaient bien ces grosses bêtes dont parlent les vieux auteurs chinois, lesquelles se sont éteintes peu à peu dans le même temps que l'*Elaphurus* mentionné plus haut y devenait de plus en plus rare et cessait même d'y exister à l'état sauvage ? N'étaient-ce point là les derniers survivants des classiques *types quaternaires* ? — Il y a là des questions à élucider qui sont très intéressantes, mais pour la solution desquelles les données actuelles de la science ne sont pas suffisantes. Il faudra recueillir et étudier les fossiles récents de tout l'empire, beaucoup plus que je n'ai pu le faire moi-même ; et, malheureusement, c'est une besogne bien difficile, à cause de la manie qu'ont les Chinois de réduire en poudre tous les ossements trouvés sous terre, pour les besoins de leur puérile médecine.

En attendant, ce que je crois que l'on peut affirmer c'est que : 1° tout, l'histoire comme la géographie, semble démontrer que l'intérieur du continent oriental a subi et subit encore un mouvement d'exhaussement, dont le résultat naturel est de dessécher la Mongolie et de déterminer son appauvrissement et sa dépopulation humaine et animale ; 2° aucun voyageur scientifique, pas plus que moi-même, n'a jamais signalé sûrement, dans cette partie de l'Extrême-Orient, non plus qu'en Sibérie, des blocs erratiques, des moraines, ou d'autres traces du phénomène glaciaire. Cela étant, qui nous dit que, lorsque le Nord de l'Europe et de l'Amérique était envahi par les glaces (pour une cause ignorée), les grands mammifères n'avaient pas fui nos parages, devenus trop incléments, pour se réfugier dans les parties septentrionale et orientale de l'Asie, où devait alors exister un climat assez doux, puisque de vastes forêts d'arbres verts prospéraient encore jusque très loin dans le Nord ? — Qui nous dit que, plus tard, quand la Sibérie se fût appauvrie à son tour, peut-être pour le dessèchement des grands lacs intérieurs, ces éléphants et rhinocéros à toison fourrée ne se seront pas retirés peu à peu jusque dans la fertile Chine où ils auront pu vivre, à côté de l'*Elaphurus*, jusqu'à leur complète destruction, dans les temps historiques de la Chine, par l'action de l'homme et les progrès de la civilisation ?

Quant au *Lœss* fossilifère, considéré comme quaternaire, il pourrait bien se faire que ce soit une *formation tertiaire* pour son origine, et qu'elle fût même marine, quoique modifiée par les agents physiques et chimiques : c'est l'opinion de M. Kingsmill, géologue amateur mais très instruit, qui habite l'Orient depuis longues années. Le fait est que ce n'est jamais que dans ses parties superficielles ou dans les ruptures que nous avons observé les fossiles quaternaires et les coquilles terrestres *subfossiles* ; et, d'ailleurs, cette immense couche de terre jaune-roux ou jaune-gris paraît être répandue très au loin vers le centre de l'Asie, depuis la Mer orientale, à travers la Chine septentrionale et la Mongolie centrale. Je dirai, cependant, que j'ai rencontré les grandes accumulations de ce dépôt *le long des fleuves* principalement et parmi les montagnes où les cours d'eaux paraissent avoir été obstrués jadis par l'émergence des terres. — Quoi qu'il en soit, on peut penser que lorsque le *Lœss* se déposait au fond d'une série d'immenses lacs, ou d'une vraie mer tertiaire, l'Asie septentrionale et orientale se trouvait plus complètement séparée que de notre temps de l'Inde et du reste de l'Ancien Monde : il y avait là une barrière de plus qui séparait la faune de l'Extrême-Orient des faunes du reste des régions paléarctiques.

C'est cette conclusion de ma digression géologique qui me ramène à ma question de la géographie zoologique et que je désire vous faire remarquer comme pouvant nous aider à nous rendre compte de la différence profonde qui existe aujourd'hui, sous les mêmes climats, entre les êtres vivants qui peuplent les deux bouts de notre hémisphère. En effet, nous constatons que dans ces *deux cents* espèces de mammifères de la Chine, dont j'ai passé en revue les principales, il ne s'en trouve guère qu'une *dizaine* qui soient plus ou moins semblables à celles de notre Occident ; et l'immixtion de celles-ci peut être considérée comme étant tout à fait récente.

Je n'ai guère parlé, dans mon examen, des animaux domestiques, parce que ceux-ci ont suivi l'homme partout (comme aussi la plupart de ses parasites), et doivent remonter aux mêmes sources. Ainsi les Chinois ont notre *chien*, notre *chat*, notre *cheval*, notre *âne*, notre *vache*, notre *chèvre*, notre *porc*, notre *poule*, notre *canard*, notre *pigeon*. Mais leur *oie* provient d'une autre souche que la nôtre, de même que leur *cochon à front plissé*, et probablement aussi leurs moutons. C'est notre sanglier qui existe aussi dans la Chine septentrionale, tandis qu'à Moupin il y a une race distincte, et à Formosa une espèce très différente (*Sus taïvanus*). Nommons les autres animaux domestiques de l'empire : le *yak*, le *zébus*, et le *buffle arni*, qui sont des espèces orientales : et le *chameau asiatique*, ou à deux bosses, qu'on voit par centaines à Pékin et qui supporte également bien le froid et le chaud, mais qui exige un climat très sec.

Oiseaux. — L'ornithologie a toujours eu un faible pour moi, et je risquerais fort d'abuser de votre patience si j'entreprenais de parler des oiseaux en détail : contentons-nous de faire quelques courtes comparaisons, qui ajouteront leur enseignement à celui des autres groupes des vertébrés.

J'ai observé, en commençant, que les listes des oiseaux chinois, que j'ai données en diverses occasions, portent à plus de *huit cents* le nombre des espèces qui séjournent dans la Chine ou y passent régulièrement. Je pense que les recherches ultérieures augmenteront quelque peu ce total ; mais, tel qu'il est, il dépasse de beaucoup celui des espèces européennes.

On sait que, d'après les ornithologistes, le chiffre des oiseaux de l'Europe s'élève à *six cent cinquante-huit* (658) ; mais ils comprennent dans ce nombre environ *cent quatre-vingt* (180) espèces dont l'apparition dans nos contrées est exceptionnelle et casuelle. De ces 658 espèces, seulement *cent cinquante-huit* (158) se retrouvent dans l'Empire Chinois; et, naturellement, ce sont les *oiseaux de proie diurnes* et les *aquatiques* qui offrent le plus de formes communes aux deux extrémités de l'Ancien Monde, tandis que les *gallinacés* et les *insectivores* sont dans le cas contraire. L'Amérique ne fournit à la faune chinoise que *trois* de ses espèces, en dehors des oiseaux voyageurs, lesquels s'égarent aussi pour la plupart jusque dans notre Europe : mais l'Asie, l'Indo-Malaisie et les îles Océaniennes lui donnent un contingent considérable d'oiseaux de passage (environ 400), comme on doit s'y attendre, et déduction faite de ces formes mixtes, cosmopolites, qui sont autant étrangères qu'indigènes, la *faune autochtone* de la Chine se compose de *deux cent cinquante* (250) espèces : c'est donc près du cinquième (1/5) de ses oiseaux que nous devons considérer comme *caractéristiques* ou *endémiques*.

Une observation bien curieuse à faire ici, c'est que plusieurs de nos oiseaux les plus communs en Europe font totalement défaut dans l'Extrême-Orient ! Ainsi, la Chine ne possède pas notre *moineau* vulgaire, ni le *pinson*, ni la *linotte*, ni le *chardonneret*, ni le *rossignol*, ni le *rouge-gorge*, ni aucune de nos charmantes *fauvettes*; toutes ses *mésanges* (21) diffèrent des nôtres, de même que ses *grives*, ses *merles*, ses *étourneaux*; ses *corbeaux*, ses *pies* et ses *geais* forment des espèces ou des races distinctes des nôtres, etc. Et pourtant, tous ces oiseaux pourraient vivre et se propager tout aussi bien en Orient qu'en Occident !

D'un autre côté, nous trouvons dans l'Empire-Céleste (comme partout, du reste) des groupes entiers d'espèces plus ou moins ressemblantes entre elles et qui vivent *côte à côte* dans les mêmes régions, avec des mœurs et des rôles à peu près identiques, tandis que tout le reste du monde manque de leurs représentants. C'est ainsi que nous voyons ces nombreux *phasianides*, que nous rangeons parmi les plus brillantes créatures, réunis tous autour du massif thibétain ; comme les *pintades* qui les remplacent en Afrique y forment aussi des espèces variées, de même que les *pénélopes* en Amérique, les *mégapodes* en Océanie, etc. C'est ainsi encore que je trouve en Chine et dans les régions adjacentes le type *garrulax* représenté par des formes multiples et plus ou moins ressemblantes, dont aucune n'est parvenue en Europe où les conditions de la vie leur seraient tout aussi favorables. Le même fait saute aux yeux pour les *cinq cents* espèces de *colibris* qui sont cantonnées dans l'Amérique chaude ; et il suffit de lire un catalogue quelconque de zoologie pour se convaincre que la règle générale est que les espèces voisines et même les genres voisins sont localisés par groupes. De manière que, devant ce fait, on se demande s'il est raisonnable de croire qu'un si grand nombre de formes ressemblantes, quoique distinctes, ont été créées *ab origine* et placées ainsi toutes dans les mêmes lieux, bien qu'elles aient une organisation et des aptitudes identiques, et que tout le reste du monde manque de leurs représentants ? Ne serait-il pas plus naturel d'admettre que les types principaux des animaux et des plantes étant une fois apparus sur la terre, quand et comme cela a plu au Créateur, ils auront subi, sous l'action des causes secondes, des modifications successives qui les ont divisés en variétés, races, espèces, etc., lesquelles ont continué à se propager, près des lieux de leur origine? — Mais, il me faut laisser là ce sujet si controversé de l'origine des espèces, et en finir brusquement avec nos oiseaux, pour dire encore quelques mots des autres animaux.

Reptiles. — Le fait le plus intéressant qui concerne cette classe, c'est la découverte récente d'une vrai *caïman*, de petite taille, dans les lacs de la Chine centrale; on sait que, jusqu'ici, ce genre, assez différent du *crocodile*, n'avait de représentants connus qu'en Amérique. Sur une *dizaine* de *tortues* et sur une *vingtaine* de *sauriens* et de *lacertiens*, que mes connaissances très incomplètes dans la matière me permettent d'énumérer, je ne trouve aucune espèce européenne. De même, les *trente-cinq ophidiens* que j'ai comptés ne nous offrent qu'*une* espèce que l'on puisse ranger avec notre couleuvre à collier (*C. natrix*). Il y a plusieurs serpents vénimeux, y compris le *naja*, et une *vipère* propre au nord (*Vipera Blomkoffi*) et répandue dans tout le N. E. de l'Asie.

Batraciens. — Aujourd'hui, les erpétologues admettent bravement *850* espèces de *grenouilles* et *crapauds*, pour le monde entier! Quant à la Chine, nous y comptons déjà une *quinzaine* d'espèces d'*anoures*, parmi lesquelles figurent notre *Rana esculenta* et notre *R. temporaria*, sans différence sensible. Les *urodèles* connues sont au nombre de *cinq*, dont *quatre* provenant de mes explorations. La plus remarquable, sans contredit, de celles que j'en ai rapportées, est la salamandre gigantesque que M. Blanchard, de l'Institut, a nommée *Siebboldia Davidi*, et qui est l'équivalent de l'espèce japonaise et rappelle le fameux fossile d'Œningen : l'animal est rare et vit dans les clairs ruisseaux des montagnes qui séparent le *Setchuan* du *Chensi*. Une autre *urodèle* qui mérite d'être remarquée appartient à un genre américain (*desmodactylus*), et se rencontre seulement dans les forêts humides de l'Ouest, où les Chinois la désignent du nom de *Cha-mou-yu* (poisson des sapins).

Poissons. — Les fleuves et les lacs de la Chine sont peuplés d'un très grand nombre de poissons, très variés en espèces, qui fourniront longtemps des matériaux nouveaux aux études des ichtyologues. Bornons-nous à dire ici qu'aucun de ces poissons n'est européen, à l'exception peut-être de l'anguille vulgaire; que le *saumon* et la *truite* n'y ont pas été signalés jusqu'ici; que les *brochets*, les *carpes*, les *goujons*, les *loches* et les *épinoches* y constituent des espèces distinctes des nôtres, etc. La forme *silure* est très richement représentée; et l'une des nouveautés de ce groupe que j'ai rapportées du Thibet Oriental, est le poisson qui remonte le plus haut dans les torrents, en surmontant les courants les plus rapides et même les cascades, grâce à la singulière faculté qu'il possède de *faire ventouse* avec son ventre applati et d'adhérer ainsi sur les pierres les plus glissantes. — Il convient de bien remarquer que l'étude des poissons d'eau douce de la

Chine a démontré qu'ils ont beaucoup plus de ressemblance avec ceux de l'Amérique septentrionale qu'avec ceux de l'Europe.

Mollusques. — Les mollusques terrestres et fluviatiles de la Chine centrale ont été l'objet de très importantes publications de la part du P. Heude, S. J., qui étudie aussi les *tortues* et les *cerfs* de l'Extrême-Orient. Pour moi, dans mes différents voyages à travers l'empire, je suis parvenu à recueillir une centaine d'espèces nouvelles de mollusques dont absolument aucune n'est semblable aux congénères de notre Occident. — Faisons l'observation que, en Chine, les coquilles terrestres sont très rares et généralement petites et peu voyantes : tandis que les espèces aquatiques abondent singulièrement dans les rivières et les étangs et sont très variées de forme et de taille.

Autres Invertébrés.— Jusqu'ici, ce n'est guère que par mes collections et par celles que j'ai obtenues de la bienveillance de plusieurs missionnaires que les entomologistes commencent à avoir une certaine connaissance des insectes de la Chine, spécialement des *coléoptères* et des *lépidoptères*. Mais les Anglais et les Allemands viennent aussi d'en obtenir des quantités considérables ; et il est à croire qu'on ne tardera pas à dresser des catalogues des espèces connues, comme cela a été fait pour le Japon, et que l'on pourra bientôt raisonner pertinemment de l'entomologie de l'Empire du milieu. — Ce que nous pouvons dire, en attendant, c'est que la faune chinoise présente un certain nombre d'insectes européens qui lui donnent, de prime abord, un air connu, familier : on y voit voler en été notre *machaon*, notre *paon-du-jour*, notre *belle dame*, notre *papillon blanc de la rave* et le *daplicide*, et plusieurs autres de nos lépidoptères communs. Toutefois, on doit dire que toute la grande masse des espèces lui appartient en propre ; ainsi, parmi une *cinquantaine* de *satyrides* que j'ai capturés moi-même, je ne trouve que le *S. phædra* qui soit européen ; et dans les très nombreuses espèces de *nymphalides* qui voltigent en foule parmi les montagnes fraîches de la Chine, il n'y a que le *neptis aceris* qui se retrouve en Europe. Par contre, le joli genre *zygæna*, si riche chez nous, n'a aucun représentant en Chine, et nos admirables *thaïs* y sont remplacés par les *sericinus* et les *armandia*. — Dans le tiers méridional de l'empire, les papillons sont beaucoup plus nombreux que dans le nord, mais ils y ont tout à fait le cachet indien : outre les *papilio* noirs, on y rencontre un grand nombre de belles espèces à tournure orientale. Mais, c'est partout que l'on peut prendre notre *sphinx convolvuli*, notre *macroglossa stellatarum* et notre *polyommatus phlæas*.

L'ordre si nombreux des *coléoptères* nous présente beaucoup moins d'espèces européennes que le groupe précédent. Aucune de nos *cicindèles*, aucun de nos *carabes*, aucun de nos *cerfs-volants*, aucune de nos *cétoines*, aucun de nos *hannetons*, presqu'aucun de nos *buprestes* et de nos *ténébrinoïdes*, aucun de nos *longicornes* et de nos *charançons*, ne se retrouve en Chine. Ce sont là des espèces plus ou moins similaires, mais distinctes, en dehors des coléoptères cosmopolites tels que les *hydrocanthares*, les *dermetes*, la *coccinelle* vulgaire. Il faut noter que le genre *Damaster*, du Japon, n'a aucun représentant sur le continent, et que presque tous les nombreux coléoptères de ces îles leur sont propres et manquent à la Chine : il n'y a guère en commun qu'un petit nombre de *xylophages* et de *phytophages* — un vrai *cychrus* existe au Japon, et, à son tour, la Chine occidentale nous a fourni deux nouvelles espèces de ce genre qu'on ne connaissait jusqu'ici que d'Europe et d'Amérique. Une très intéressante trouvaille que j'ai faite à Moupin est celle d'un *amphizoa*, coléoptère à caractères ambigus et essentiellement californien.

Ne quittons pas les *articulés* sans observer que l'*écrevisse* manque dans les ruisseaux de la Chine, mais que toutes les eaux douces y nourissent une quantité de *crevettes* et de *crabes* que les indigènes utilisent pour leur alimentation. Nous avons remis au Muséum un *crustacé*, reçu de Corée, qui a la forme et la taille de notre écrevisse, mais qui appartient à un groupe tout différent.

Et, en terminant cette petite revue entomologique, disons que les *insectes domestiques*, qui surabondent en Orient, paraissent appartenir tous à nos mêmes espèces ; et que les *vers parasites* y sont fort fréquents, de même que les *sangsues* de toute taille qui tourmentent les voyageurs en été, comme ne le savent que trop les missionnaires et nos pauvres troupiers du Tonkin.

Plusieurs des faits que nous avons examinés dans ce travail nous apprennent que, malgré l'immensité de l'Océan pacifique qui les éloigne, les faunes de la Chine et de l'Amérique présentent plus d'un cas de ressemblances difficiles à expliquer : nous avons noté les rapports frappants qui existent entre les poissons d'eau douce de l'un et de l'autre de ces pays, séparés maintenant par une mer absolument infranchissable pour eux ; nous avons mentionné des reptiles et des insectes de l'Asie Orientale qui rentrent dans des genres exclusivement américains, etc. Les végétaux aussi nous offriraient des groupes qui sont communs à ces deux continents à la fois et qui n'ont pas de représentants ailleurs, ou du moins en Europe ; nommons-en quelques-uns des plus connus : *Dielytra*, *Magnolia*, *Mahonia*, *Catalpa*, *Bignonia*, *Aralia*, *Pavia*, *Liquidambar*. Nous avons déjà signalé l'étonnante richesse du genre *Rhododendron*, qui remplace en Chine nos *bruyères*, et qui abonde également aux États-Unis. Néanmoins, nous devons admettre, en définitive, que la *sous-région* de l'Extrême-Orient est bien caractérisée par une proportion prépondérante d'espèces qui lui sont propres et qui rentrent principalement dans les genres paléarctiques ; mais qu'un important contingent de formes indo-malaises, qui y sont mêlées, la relient insensiblement avec la région indienne, attestant par là une très ancienne union des deux contrées. Nous avons donc en Chine un centre zoologique très intéressant et d'une grande richesse, et dont l'étude plus complète contribuera à donner des lumières sur l'histoire ancienne des êtres vivants.

J'ajoute, en finissant, quelques mots sur un coin de l'empire chinois qui mérite une mention spéciale et que d'autres naturalistes n'ont pu visiter encore. J'ai nommé plusieurs fois Moupin. C'est surtout dans ce pays des *Principautés indépendantes* (on en compte *quatre-vingts*), habité par les *Mantzes*, qu'on peut admirer le mélange de toutes les faunes voisines ; les genres chinois, les sibériens et les indiens se trouvent là confondus et associés avec une foule de formes autochtones. Parmi ces innombrables montagnes, encore assez boisées, qui s'étendent à l'Ouest de la belle province du *Sseichuan*, et dont plusieurs, couronnées de neiges perpétuelles, sont comparables à ce qu'il y a de plus élevé dans l'Himalaya, subsiste encore une population animale très variée et offrant le plus grand intérêt au point de vue de l'histoire naturelle et de la géographie. Il n'est pas facile de parvenir dans cette affreuse région, et surtout d'y rester ; mais les peines et les dangers sont bien compensés par la grande valeur des découvertes. C'est à Moupin que j'ai fait ma récolte la plus précieuse de nouveautés : mammifères, oiseaux, reptiles, poissons, insectes et plantes, presque tout était nouveau pour le naturaliste ! — *Montes... et omnes cedri..., bestiæ... et volucres pennatæ.... et omnes populi.... laudent nomen Domini !*

Appendice.

J'ai dit, en commençant, que beaucoup d'objets de zoologie et de géologie de l'Extrême-Orient, qui manquaient aux collections de notre Muséum national, ont été envoyés ou rapportés par nos missionnaires catholiques. A l'appui de cette assertion et pour ce qui me regarde, je me permets de donner ici la liste des *seules* espèces nouvelles de la classe des *mammifères* et de celle des *oiseaux* (les plus connues du vulgaire), que j'ai eu la chance de découvrir dans les différentes parties de l'empire chinois, et qui ont été, la plupart, décrites par les professeurs du grand établissement scientifique du Jardin des Plantes

Mammifères

Quadrumanes.

Rhinopithecus Roxellana, A. Milne-Edwards.
Macacus Thibetanus, A. M. Edw.

Chéiroptères.

Rhinolophus larvatus, A. M. Edw.
Vespertilio Davidis, Peters.
Vespert. moupinensis, A. M. Edw.
Murina aurata, A. M. Edw.
Murina leucogaster, A. M. Edw.

Insectivores.

Nectogale elegans, A. M. Edw.
Uropsilus soricipes, A. M. Edw.
Scaptonyx fusicaudatus, A. M. Edw.
Crocidura attenuata, A. M. Edw.
Sorex cylindricauda, A. Edw.
Sorex quadricauda, A. M. Edw.
Anurosorex squamipes, A. M. Edw.
Talpa longirostris, A. M. Edw.
Scaptochirus moschatus, A. M. Edw.
Scapt. Davidianus, A. M. Edw. (Syrie).

Carnivores.

Felis scripta, A. M. Edw.
Putorius astutus, A. M. Edw.
Putor. moupinensis, A. M. Edw.
Putor. Davidianus, A. M. Edw.
Meles (Arctonys) obscurus, A. M. Edw.
Meles leucolæmus, A. M. Edw.
Mel. leptorhynchus, A. M. Edw.
Ailuropus melanoleucus, A. D.

Ruminants.

Elaphurus Davidianus, A. M. Edw.
Cervulus lacrymans, A. M. Edw.
Elaphodus cephalophus, A. M. Edw.

Budorcas thibetanus, A M. Edw.
Nemorhedus Edwardsi, A. David.
Nem. griseus, A. M. Edw.
Nem. cinereus, A. M. Edw.
Nem. caudatus, A. M. Edw.

Suidés.

Sus moupinensis, A. M. Edw.

Rongeurs.

Siphneus psilurus, A. M. Edw.
Siphn. armandi, A. M. Edw.
Rhizomys vestitus, A. M. Edw.
Arvicola melanogaster, A. M. Edw.
Arv. mandarinus, A. M. Edw.
Cricetus griseus, A. M. Edw.
Cric. obscurus, A. M. Edw.
Cric. longicaudatus, A. M. Edw.
Mus humiliatus, A. M. Edw.
Mus plumbeus, A. M. Edw.
Mus confucianus, A. M. Edw.
Mus chevrieri, A. M. Edw.
Mus Ouang-Thome, A. M. Edw.
Mus flavipectus, A. M. Edw.
Mus Edwardsi, Th.
Mus pygmæus, A. M. Edw.
Dipus annunalus, A. M. Edw.
Gerbillus psammophilus, A. M. Edw.
Gerb. unguiculatus, A. M. Edw.
Spermophilus mongolicus, A. M. Edw.
Arctomys robustus, A. M. Edw.
Sciurus (Tamias) Davidianus, A. M. Edw.
Sciurus swinhoei, A. M. Edw.
Sciurus flavipectus, A. D.
Typhlomys cinereus, A. M. Edw.
Pteromys alborufus, A. M. Edw.
Pter. melanopterus, A. M. Edw.
Lagomys thibetanus, A. M. Edw.

OISEAUX

Microhierax chinensis, A. David.
Syrnium Davidis, Sharpe.
Picus Desmursi, J. V.
Picoïdes funebris, J. V.
Sitta villosa, J. V.
Sitta sinensis, J. V.
Siphia Hogdsoni, J. V.
Yuhina diademata, J. V.
Merula Gouldi, J. V.
Turdus auritus, J. V.
Accentor multistriatus, A. D.
Pomatorhinus gravivox, A. D.
Pomat. Swinhoei, A. D.
Pterhorhinus Davidis, Swinhoe.
Barbax lanceolatus, J. V.
Cinclosoma maximum, J. V.
Cincl. Arthemisiæ, A. D.
Cincl. lumulatum, J. V.
Yanthocincla Berthemyi, A. D.
Trochalopteron formosum, J. V.
Troch. Milni, A. D.
Troch. Blythii, J. V.
Troch. Ellioti, J. V.
Paradoxornis Heudei, A. D.
Parad. Guttaticollis, A. D.
Cholornis paradoxa, J. V.
Suthora alphonsiana, J. V.
Suth. conspicillata, A. D.
Suth. cyanophrys, A. D.
Suth. gularis, J. V.
Allotrius pallidus, A. D.
Mupinia pœcilotis, J. V.
Fulvelta cinereiceps, J. V.
Fulv. ruficapilla.
Fulv. striaticollis, J. V.
Minla Jerdoni, J. V.
Spelcornis troglodytoïdes, J. V.
Spel. Halsueti, A. D.
Homochlamys brevipennis, J. V.
Herbivocula incerta, D. et Oust.
Locustella minor, D. et Oust.
Arundinax Davidiana, J. V.
Suya parumstriata, D. et Oust.
Rhopophilus pekinensis, Sw.
Oreopneuste Armandi, H. M. Edw.
Oreopn. affinis, D. et Oust.
Parus pekinensis, A. D.
Machlolophus rex, A. D.
Proparus Swinhoei, J. V.
Acredula fuliginosa, J. V.
Acred. vinacea, J. V.
Corydalla Kiangsinensis, A. D.
Pyrgilauda Davidiana, J. V.
Erythrospiza mongolica, Sw.
Propasser trifasciatus, J. V.
Prop. Davidianus, H. M. Edw
Prop. Verreauxi, A. D.
Prop. Edwardsi, J. V.
Prop. Vinaceus, J. V.
Uragus lepidus, A. D.
Ithaginis sinensis, A. D.
Tetraophasis obscurus, J. V.
Ibis sinensis, A. D.
Cygnus Davidis, Sw.

Imp. G. Saint-Aubin et Thevenot, Saint-Dizier, (Hte-Marne) 30 passage Verdeau, Paris.

Imp. G. Saint-Aubin et Thevenot, Saint-Dizier (Haute-Marne) 30, passage Verdeau Paris.

www.ingramcontent.com/pod-product-compliance
Lightning Source LLC
LaVergne TN
LVHW052027160826
845678LV00003B/1233

* 9 7 8 2 3 2 9 6 3 6 6 3 4 *